神奇的科学课

神秘的地球

赛文诺亚 主编

北方妇女儿童出版社

·长春·

图书在版编目（ＣＩＰ）数据

神秘的地球 / 赛文诺亚主编. -- 长春 : 北方妇女
儿童出版社, 2023.8（2024.7重印）
　（神奇的科学课）
　ISBN 978-7-5585-7053-7

　Ⅰ.①神… Ⅱ.①赛… Ⅲ.①地球—儿童读物 Ⅳ.
①P183-49

中国版本图书馆CIP数据核字(2022)第209090号

神奇的科学课：神秘的地球
SHENQI DE KEXUEKE SHENMI DE DIQIU

出 版 人　师晓晖
策 划 人　陶　然
责任编辑　左振鑫

开　　本　889mm×1194mm　1/16
印　　张　2
字　　数　50千字

版　　次　2023年8月第1版
印　　次　2024年7月第2次印刷
印　　刷　山东博雅彩印有限公司

出　　版　北方妇女儿童出版社
发　　行　北方妇女儿童出版社
地　　址　长春市福祉大路5788号
电　　话　总编办：0431-81629600
　　　　　发行科：0431-81629633

定　　价　42.80元

《神秘的地球》一书将你踩在脚下的地球进行了全面、科学的解剖，从而带给你一个神秘、生动、复杂、难以想象的世界。让我们一起来一次奇特的旅行吧！

地球的"保护伞"——大气层

在我们所生活的地球表面，覆盖着一层总厚度超过1000千米的大气，就像地球的"保护伞"一样。如果没有大气层的保护，地球上白天和夜晚的温差就会很大，地球上的生物也会因此无法生存。而且，大气层能提供我们呼吸所需要的氧气，能阻挡大部分来自太阳紫外线的照射，能形成各种天气的变化，能产生大气压力等。也就是说，没有大气层，几乎就不可能有生命的存在。

在地球刚形成的时候，空气的主要成分是氢和氦。后来，在地心引力作用下，地球内部的空气受到挤压，温度升高，空气被排到了太空中，其中一部分又被地心引力吸住，在地球的表面形成了一层薄薄的大气层。动植物出现后，才使大气中氧和二氧化碳的含量大大增加。

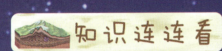 知识连连看

● **极地附近的极光**

在地球的南北两极附近的空中，经常会出现极光。这是因为地球的磁极在南北两极附近，从太阳射来的带电粒子流，受到地磁场的影响，以螺旋运动的方式，向地球的两极不断靠近，并与大气中的气体原子相互碰撞而被激发，从而释放出能量，发出光芒，就产生了极光。

极光

⭐ **让你惊奇的事实：**

在大气层中，对流层的气温通常是上冷下热。这样，地面的热空气会往上走和冷空气发生对流，地面污浊的空气就可以借此稀释掉。如果对流层发生上热下冷的情况形成"逆温层"，地面的热空气就不易往上走，如果再加上无风状态，空气的污染程度就会很严重。

大气层分为5层，分别是对流层、平流层、中间层、热层和外逸层。每一层大气都是多种气体的混合物，离地面越高，气体越稀薄。如果你能飞，而且飞得足够高，你会越来越感觉到缺氧，呼吸费劲。

在1000千米以上的高空，电离层融入外逸层，外逸层的高度最高有5万多千米，在这里发现的所有气体分子都在以各种方式向外太空逃逸。

外逸层

热层位于外逸层和中间层之间，其顶部离地面约800千米。热层的空气由于受太阳短波辐射温度较高。

在距离地面60~1000千米的大气层中，大气处于部分电离或完全电离的状态，形成电离层。电离层能反射地面发出的无线电波，地面上的越洋无线电通信就借助它来完成。

中间层是位于平流层顶到85千米之间的大气层。温度随高度上升逐渐降低，温差较大。

热层

中间层

平流层

对流层是最低、最浓密的一层大气，是生命存在、云雾形成和地球大部分气候现象发生的地方。厚度10~20千米。

平流层位于对流层之上到距离地面约50千米的地方。喷气式飞机通常是在这里飞行。平流层是臭氧比较集中的大气层，在20~30千米处臭氧浓度最高，它能吸收掉太阳辐射过来的大部分有害的紫外线。

对流层

地球上的 气候带

　　地球上为什么有的地方热，有的地方冷呢？原来，这是受太阳光照射不同的缘故。由于太阳照射地球的角度不同，每个地方受热的程度也不一样，因此，造成了各地不一样的气候类型。

　　在南北回归线之间，受到太阳直射，一年四季气温都很高；而在南北回归线以外的地区，受到太阳斜射，就不那么热了；越靠近两极，斜射的角度越小，气温也就越低。

　　热带雨林大约占了地球表面的6%，相当于整个美国的面积呢。这里多雨，又湿又热，整年都是夏天，一天到晚让你大汗淋漓。为什么会这样呢？因为这里位于地球的赤道附近，通常太阳都是从头顶上直射下来的，所以太阳光十分强烈。你想躲都躲不开。

　　亚热带是热带和温带之间的过渡带，夏季温度与热带相近，冬季温度比热带冷，但都在0℃以上。这里降水丰富，光照充足，我国的海南省和台湾省南部处于亚热带气候区。

　　居住在温带是最舒服的，动植物们也是这样"想"的。这里四季分明，气候温和，降水适中。这里的植被物种较为丰富，以阔叶林居多。

温带

亚热带

热带雨林

在寒带，你会感觉到这里的冬天特别漫长，什么时候才是个头儿呢？这里的植物都已经习惯寒冷的气候了，组成了大面积的针叶林。它们的叶子变得细长如针状，这样能减少水分的消耗。

寒原带是纬度最高的气候带。在这一区域，常年冰天雪地，气温极低，到处都是白茫茫的一片。冰川连绵不绝，当然也有极地平原。在这里，植被极为稀少，只有苔藓、地衣和一些矮小的灌木。

寒带

寒原带

知识连连看

● **世界上年温差最小的地方**

南美洲厄瓜多尔的首都基多，位于赤道，海拔2819米左右，年平均气温为14℃，最冷月与最热月的平均温差只有0.8℃，是世界上年温差最小的地方。并且，在这里早晨、上午、晚上、夜间的气温，依次如同春、夏、秋、冬。也就是说，这里一天就分四季。

★ 让你惊奇的事实：

在北非利比亚境内的阿奇济耶市，气温曾经高达57.8℃。在这样的高温下，人体会汗流不止，甚至休克。

在南极一个叫作沃斯托的气象台附近，气温会下降到零下89.2℃。要知道，家里冰箱的冷冻柜一般是零下18℃，零下89.2℃的寒冷就可想而知了。

板块移动

地球内部由地壳、地幔和地核组成。地壳和地幔的上部是固体的岩石，岩石的下面是可以流动的软流层。地球表面的岩石层并不是"石板一块"，它四分五裂成许多块体，这些块体被称作"板块"。

板块可分成大陆板块和海洋板块。大陆板块比海洋板块厚且轻，形成陆地和高山，海洋板块则被海水所覆盖。板块并不是静止的，而是处于不断运动和变化的状态中。板块的运动有3种基本方式：一种是相互背离，另一种是相互靠近，还有一种是两个板块之间沿着水平方向错动。

地球上最高的山峰和最深的海沟，都是在板块相互靠近时碰撞的地方形成的。

两块大陆板块相撞后叠加，并挤压地壳向上隆起，成为高大的山系。这一构造运动能改变全球的气候模式，并可能造成严重的塌方。

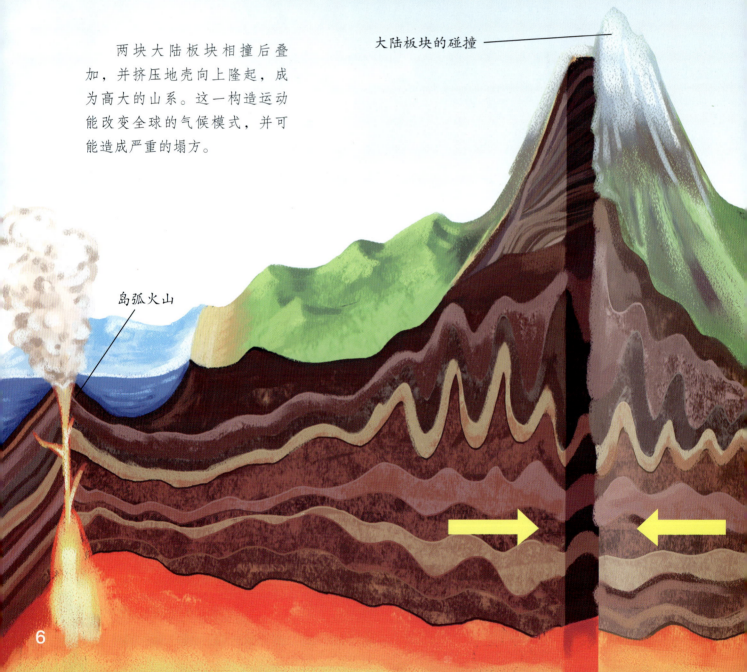

大陆板块的碰撞

岛弧火山

有时，板块碰撞使接触的地方向上挤压，从而形成高大的山脉；有时，两个碰撞板块接触的岩层还没来得及发生弯曲变形，其中一个板块就插入另一个板块的底部，由于碰撞的力量很大，插入部位很深，以至于原来板块上的岩层被带到地幔下部，在高温下熔化了。

 知识连连看

● **断层**

板块在冲撞时，会产生强大的压力挤压地壳的岩层。如果岩层受力太大、太久，到了再也不能支撑的极限时就会断裂，形成"断层"。

★ **让你惊奇的事实：**

地球上最长的山脉是安第斯山脉，它全长约9000千米，是南极洲板块与美洲板块相撞挤压形成的。最高的喜马拉雅山脉，是印度板块与欧亚板块之间缓慢而又强大的力量冲撞形成的。它很雄伟，由几个高度在8000米以上的山峰连在一起组成，被称为"世界屋脊"。

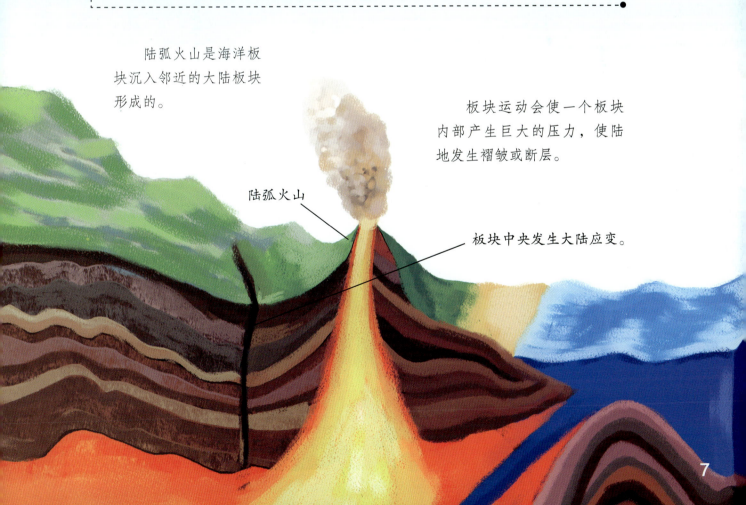

陆弧火山是海洋板块沉入邻近的大陆板块形成的。

板块运动会使一个板块内部产生巨大的压力，使陆地发生褶皱或断层。

陆弧火山

板块中央发生大陆应变。

连绵不断的 **山脉**

　　地球陆地的表面并不是平缓的，而是有很多凹陷的地方，也有很多高出周围地面的隆起。如果站在空旷的平地或高楼上远眺，你就可能会看到连绵不断、云雾缭绕的山脉。尽管可以看到，但它离我们有十万八千里呢。那么，山脉是怎么成为今天的样子的呢？

　　山脉所在地区通常是地壳运动最为剧烈的地方。经过数百万年的地壳运动，或板块碰撞，地壳被弯曲变形为波浪状的褶皱，有的地方低凹形成山谷，有的地方高耸形成山岭。无数的山岭和山谷连在一起就形成了不断延伸的山脉。

　　正因为山脉附近的地壳运动剧烈，所以在这些地方常有火山爆发和地震发生。

知识连连看

褶皱模型

让我们用长条状的橡皮泥做一个简单的褶皱模型吧。你需要准备3种不同颜色的橡皮泥，将这3种不同颜色的橡皮泥叠成3层；从两边向中间推挤橡皮泥层，橡皮泥层首先向上弓背；继续挤压，观察橡皮泥层的变化。这个橡皮泥层就代表着地球的岩层，当对它施加压力时，它就发生了褶皱，形成了"高山"和"低谷"。

奇特的山峰

韩国南部有一座美丽的岛屿——济州岛。济州岛中心有一座由火山形成的山——汉拿山。它的顶峰与一般的山峰很不一样，因为火山活动时有地下物质喷出，所以顶峰凹进去了。

⭐ 让你惊奇的事实：

世界上著名山峰的高度：库克峰海拔3764米、乞力马扎罗山海拔5895米、勃朗峰海拔4810米、麦金利山海拔6194米、阿空加瓜山海拔6960米、珠穆朗玛峰最新测量海拔8848.86米。

一望无垠的 沙漠

地球陆地表面有1/5以上的土地被沙漠覆盖。光在中国，沙漠的总面积就有68.4万平方千米呢！这么大面积的沙漠到底是如何形成的呢？

某个地区如果长年累月不下雨，这个地方的植物就会全部枯萎，而大风吹起的时候，干燥田地中的泥土、草原与山坡上的泥土都会四处飞扬。当这个地区的泥土都被风刮到其他地区后，地表泥土以下的岩石便会显露出来。这个地区一旦形成岩石外露，就变成沙漠了。真正的沙漠一望无垠都是沙，这些沙是暴露在外的岩石经过长时期风化碎裂形成的。

知识连连看

● 沙漠中的降水量

大多数沙漠地区每年的降水量不超过250毫米。有的沙漠地区降水量稍多些，但由于炎热和多风，雨水蒸发得很快，或者渗入干透的地里。世界上最干燥的地区是智利的阿塔卡马沙漠，沙漠里有的地方的降水量竟然还不到0.1毫米。

● 沙丘

在沙漠地区，风就像一个艺术大师。在它的作用下，沙漠里会堆积起一座座沙丘。如果沙漠地表上的沙量很少，风会把沙子吹成新月形状的沙丘，叫作新月形沙丘；如果沙量很大就会形成又长又直的横向沙丘；如果两个方向都有风吹过，就会形成起伏的蛇形沙丘。

新月形沙丘

★ 让你惊奇的事实：

在沙漠里，由于阳光强烈，空气干燥，空气中很少有细菌。在沙漠里，动物的尸体也不容易腐烂。

横向沙丘

非常干旱的沙漠也有生机勃勃的绿洲，出现茂盛的植物。这是什么原因呢？原来，这是由于这里有地下水冒出地表。

树木和其他植物在沙漠绿洲生长得很旺盛。

沙漠绿洲的水源通常来自山区，那里即使气候干燥，但总会有降雨，雨水进入储水层。

进入储水层的水可能从岩石缝隙中涌出地面，成为沙漠低洼绿洲上的自流泉。

有的储水层出现在沙漠低洼地的地表层，因为那里大风肆意侵蚀大地，侵蚀的深度可能使储水层暴露出来。

复杂的 河流地形

在河水流动缓慢的地方，水中挟带的泥沙、石头就会慢慢沉积下来，最终形成不同的河积地形，如冲积扇和三角洲；河水挟带许多沙砾、石头，在河床上滚动追逐，产生很强的侵蚀力量，狠狠地挖凿河床与河岸，将它们切割出各种不同的河蚀地形，如壶穴；河积和河蚀的共同作用会形成河阶、曲流和牛轭湖。河水流过地面断层或陡峭的地方时，还会形成瀑布。

通常，当河水侵蚀两岸，或者进行堆积作用时，会形成平坦的河床。可是河水有时候会改变主意，想试着往下挖，结果挖出了新的河床，跟旧的河床形成阶梯状，这就是河阶。

河水在流动的过程中，如果遇到阻碍，就会侵蚀河岸，水流会偏向旁边，同时在另一侧沉积物堆积。假如这种情况重复发生，河流会变得弯弯曲曲，叫作"曲流"。

牛轭湖

知识连连看

● **牛轭湖的形成**

河流以蛇形流过河谷时，叫作河曲。某些河曲膨胀成比其他河曲更宽的环流。

环流的颈部变得十分狭窄。

老河道被分割出来形成牛轭湖。

河水从山上流向平原时，流速急剧下降。流得较慢的水载不动那么多的沙和碎石，所以它们就沉积在山麓。这样日积月累，最终形成扇状的半圆地区，即所谓冲积扇。

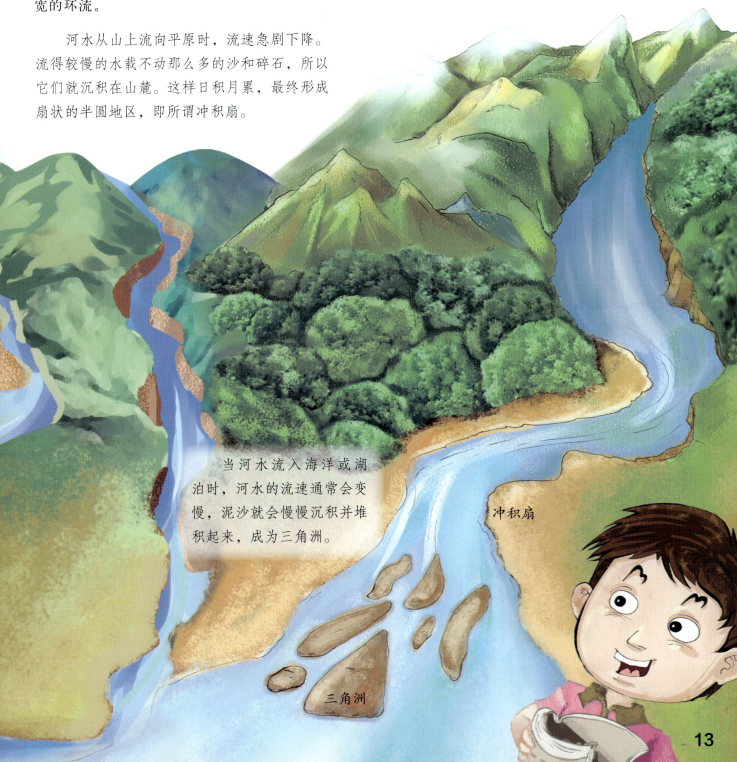

当河水流入海洋或湖泊时，河水的流速通常会变慢，泥沙就会慢慢沉积并堆积起来，成为三角洲。

冲积扇

三角洲

冰川 的形成

在地球南极洲的大部分地区、北极的格陵兰以及高山地带，气候非常寒冷，几乎终年被厚厚的冰雪覆盖。不过，正因为这样，一道由冰雪汇集而成的奇景——冰川诞生了。你知道它是怎样形成的吗？

由于极地和高山的气候相当寒冷，大量的雪不容易融化，积在山上较平坦或凹陷的地方。经过常年这样积压，雪堆中的空气被赶了出来，雪堆变得更加紧密结实，经过很长时间就变成了冰块。冰块的厚度慢慢增加，到30~50米时，由于地心引力的关系，这个庞然大物开始从高山上向下滑动或流动，形成冰川。冰川的运动非常缓慢——一年只移动几米。如果它运动的速度变快了，那可就麻烦啦！

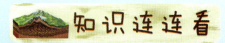

知识连连看

雪凝成冰

看起来柔软的雪怎么会凝结成坚硬的冰呢？雪花的边缘容易升华变成气体，形状逐渐变圆，稍微融解的雪花会环绕核心再次冻结，形成冰球并逐渐变大。堆积了两年的雪会变得像粗沙一样。当雪越积越厚，底层的雪受到上层的挤压，原本独立的冰粒便冻结在一起，成为块状的冰。

由于地球逐渐变暖，冰川正在逐渐融化而导致海平面上升，一些岛屿国家和沿海城市被淹没！

南极冰盖的秘密

南极的大部分地区都被冰雪覆盖。这些厚厚的冰就如同一个大锅盖，倒扣在南极大陆上。冰盖重得把下面的陆地压得下陷。冰层下面还有秘密——竟然有巨大的山脉和火山。不过请放心，绝大多数都是死火山。

气候寒冷时，连续不断的降雪会使流经冰川的冰变多，冰川流域变得越来越广。如果气候变得温暖，高处流下来的冰会先从前端逐渐融解，使冰川流域范围缩减，这是"冰退"现象。

⭐ 让你惊奇的事实：

地球的表面积大约有1/10被冰川覆盖，假如有一天这些冰川全部融化，海平面将会上升80米左右的高度。

大自然中的侵蚀、搬运和堆积

　　大自然中有一群家伙，可以破坏、改变地球表面的容貌。它们的本领包括了侵蚀、搬运和堆积。同时，这些作用可以让地表的高度变得比较平均。河流是这些家伙中的一员。它就像一条长长的输送带，运载了许多沙砾、石块。这些石块在河水中滚动、互相碰撞，碎裂成更小的碎块。这些沙砾、石块还会挖洞、磨蚀河床和两岸的岩层，使河谷变深，变宽，并且越来越长。针对不同的东西，河流还采用不同的方法搬运，如让比较大的砾石"滚动"，泥沙颗粒"悬浮"在水里带走，易溶的物质"溶解"在水中流走。除了河流外，风、霜、雨、雪和海流、冰川也是这些家伙中的成员。

风蚀形成的雅丹地貌

风可以把沙丘从一个地方搬到另一个地方。

沙丘
风带着黄沙在沙漠里不停地吹啊吹，吹累了就会扔下东西溜走，从而形成一个个沙丘。

海流把大洋深处的物质带到浅海。

风的侵蚀和搬运
　　来无影去无踪的风将沙尘席卷而走，使地面凹陷，它就是时常这样搞破坏的，被称为"吹蚀作用"。这种破坏行为的范围非常广，造成干燥的地形。

沙滩
　　海浪裹挟着沙砾奔走，把这些东西堆积在岸边，形成沙滩海岸。

海的侵蚀和搬运
　　海洋里的波浪总会拼命地挤进岩石的空隙中，挤得里面的空气也在缝隙中撞来撞去的，最后岩石就被撞裂开了。波浪还会带着沙砾不停地撞击、摩擦海岸。

沙洲的形成

由于河流上游地区地势陡倾，所以水流急，挟带了大量石块、碎砾和泥沙。可是到了中、下游时，河面变宽，水流变缓，水流的力气也变小，就慢慢把这些东西丢在河床上，日积月累，越堆越多，于是就形成了沙洲。

冰碛

冰川一到温暖的地方就会变成水，留下岩块、碎石等一堆乱七八糟的东西，这些东西被称作"冰碛"。

由河流搬运

沉积于河床

沙洲

土壤 的组成、结构和形成

　　土壤是动植物乃至人类都赖以生存的环境的重要的组成部分。它为什么会如此重要呢？我们需要先了解一下它的组成。组成土壤的物质非常多，包括细小的岩石、沙砾、矿物质、黏土和腐殖质等。其中的腐殖质是动植物残体在土壤中经微生物分解而形成的有机物质，它为土壤增加了营养成分。同时，由于植物根的延伸，以及动物们钻来钻去，会使土壤中产生很多空隙，其中填充着空气和水分。

土壤一般分为两层，最上面的一层叫作表土层，下面一层叫作底土层。

表土层由非常小的黑色颗粒组成，其中含有较多的腐殖质和矿物质，水分也比较多。

知识连连看

感觉不一样的土壤

　　不同的地方，土壤不同。有些地方的土壤里含有较多的黏土，而有些地方的土壤明显沙质化。土壤变成和沙子一样，当然什么也长不出来了。肥沃的土壤是由富含腐殖质的黏土和沙砾组成的，在这类土壤中，植物才可以很好地生长。

底土层是一些颜色较浅的较大颗粒，其中不含腐殖质，主要是水分和某些矿物质。底土层的下面就是坚固的岩石了。

我们通常看到的土壤只是暗褐色的表层，是由动植物残体经过微生物的分解形成的腐殖质颜色。在土壤下层的部分就出现了比较明显的颜色差异，以黄褐色或红褐色为主。土壤的色泽产生差异有多种原因，例如火山灰或岩石的堆积物、气候，或者地表植物等因素的影响。有些火山会形成红色或者黑色的土壤。低温带有灰白色的土壤，温带则多黄土或黄褐色土，亚热带的土壤更漂亮，大部分呈红色或黄色。

　　土壤的形成需要经过很长的时间。它的前身是岩石。岩石受到风力、水力、气候等因素的影响逐渐崩解，先是崩解成大型的岩片，再碎裂成较小的岩块，最后变成了更细小的泥土物质，即"土壤母质"。土壤母质再和水、空气以及腐殖质、微生物等物质长久作用，就形成了真正的土壤。

岩石 大循环

　　我们的地球本身就是一块大岩石。坚硬的地壳包围在地球的最外面，使地球维持着稳定的外形。岩石有很多种类，我们来了解一下吧。

　　组成地壳的岩石，根据它们形成方式的不同，可分为火成岩、沉积岩、变质岩三大类。这三类岩石，彼此可以互相转换。

　　熔融的岩浆侵入地壳一定深度或喷出地表，经冷却、凝固后变成火成岩；火成岩经风化、侵蚀、沉积作用而转变成沉积岩；沉积岩则经过长时间的堆积，因底部所受的压力增大，温度变高，而逐渐改变为变质岩。但有时深埋于地下的变质岩，局部温度会升高到熔点，使得变质岩成为熔融的岩浆，岩浆往上侵入或喷发又成为火成岩。岩石之间就这样以不同的状态，周而复始地循环着。

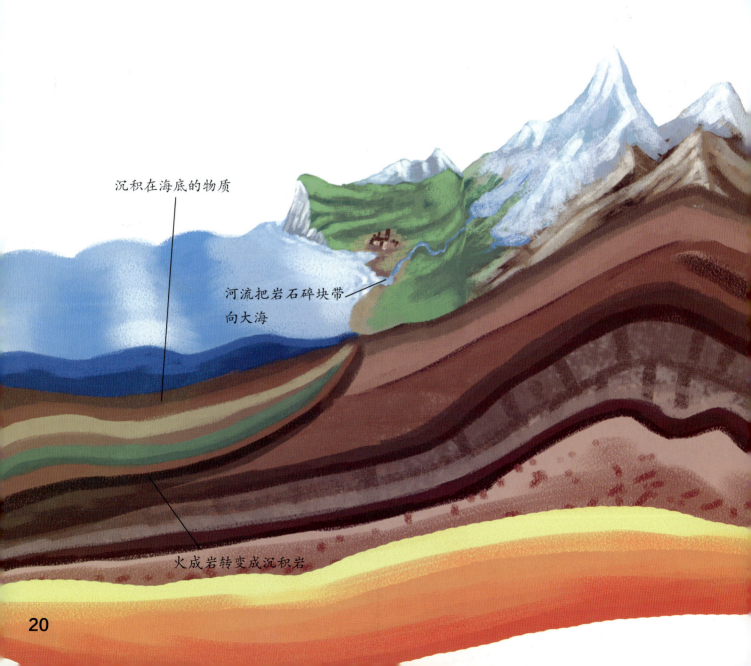

沉积在海底的物质

河流把岩石碎块带向大海

火成岩转变成沉积岩

● 沉积岩

沉积岩是原来的岩石先经过风化、侵蚀作用生成岩石或矿物碎屑，再经流水、风或冰川的搬运、沉积而成的。此外，溶于水的物质，经化学沉淀作用后也会生成沉积岩。石灰岩和砂岩就属于沉积岩。

石灰岩的主要矿物为方解石，里面常常含有微小的化石残骸。它被粉碎后，与黏土按照适当的比例混合，经高温煅烧就能制成水泥。

砂岩的主要成分为石英。

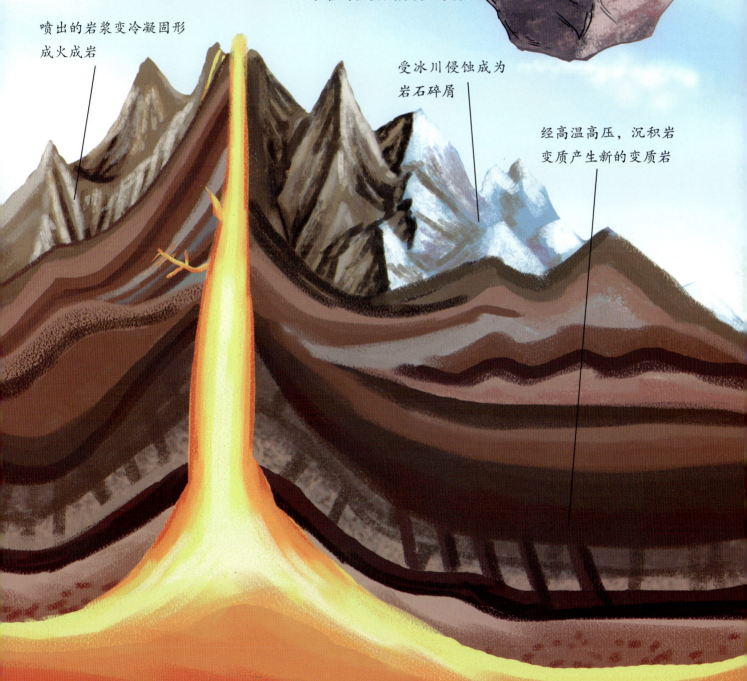

喷出的岩浆变冷凝固形成火成岩

受冰川侵蚀成为岩石碎屑

经高温高压，沉积岩变质产生新的变质岩

地下溶洞 的秘密

　　告诉你，在神奇的地下溶洞里，洞顶的石头会变长，洞底的石头会长高。你一定会很惊讶，这是真的吗？我们来了解一下地下溶洞里的秘密。

　　进入钟乳石洞，周围会变得越来越暗，到最后几乎伸手不见五指。一直来到洞底，借着灯光的照射，仔细瞧一瞧，到处都是漂亮的钟乳石，它可向上、向下、向四方生长。洞内还有一个宽大的池塘，那是缘石池。水沿着洞壁缓缓地流下形成流石，滑滑的，有如在洞壁涂上一层亮光漆，美丽极了！

　　为什么会出现这种奇妙的景象呢？原来，在石灰岩地区，地下水会产生溶蚀作用，最终在石灰岩内部形成溶洞。

　　石灰岩的溶蚀、转移、沉淀、积聚，形成了溶洞里形态各异的石钟乳、石笋、石柱、石花等钟乳石景观。

石钟乳从洞顶或洞壁悬垂下来，呈倒锥形。

石笋通常都比石钟乳粗，由洞底向上生长，好像一根大笋般穿出地面。

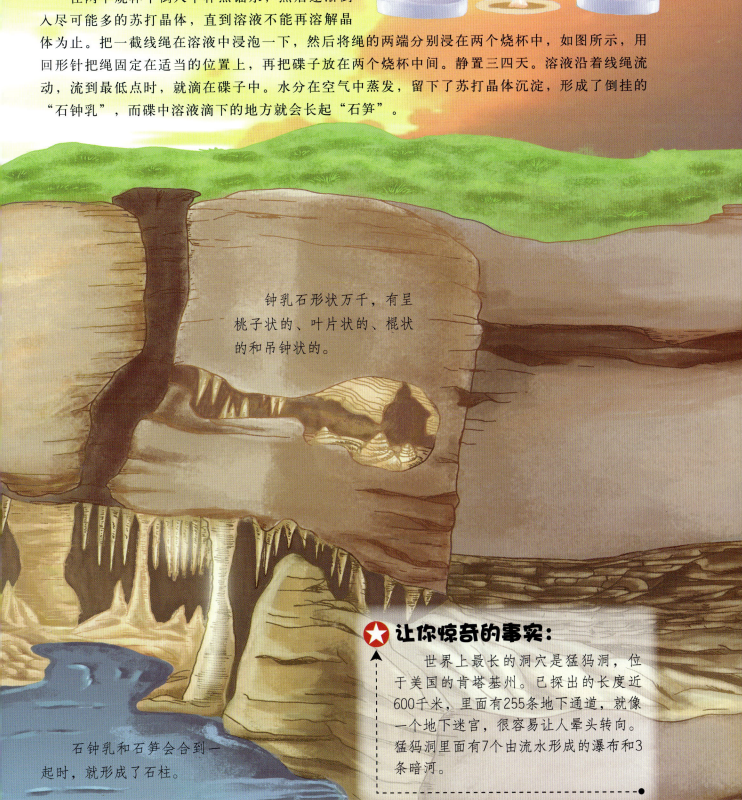

● 自制石钟乳和石笋

　　往两个烧杯中倒入半杯蒸馏水，然后逐渐倒入尽可能多的苏打晶体，直到溶液不能再溶解晶体为止。把一截线绳在溶液中浸泡一下，然后将绳的两端分别浸在两个烧杯中，如图所示，用回形针把绳固定在适当的位置上，再把碟子放在两个烧杯中间。静置三四天。溶液沿着线绳流动，流到最低点时，就滴在碟子中。水分在空气中蒸发，留下了苏打晶体沉淀，形成了倒挂的"石钟乳"，而碟中溶液滴下的地方就会长起"石笋"。

　　钟乳石形状万千，有呈桃子状的、叶片状的、棍状的和吊钟状的。

⭐ **让你惊奇的事实：**

　　世界上最长的洞穴是猛犸洞，位于美国的肯塔基州。已探出的长度近600千米，里面有255条地下通道，就像一个地下迷宫，很容易让人晕头转向。猛犸洞里面有7个由流水形成的瀑布和3条暗河。

　　石钟乳和石笋会合到一起时，就形成了石柱。

火山 的喷发

火山喷发是一件很可怕的事情。它为什么会喷发呢？地球内部炽热的岩浆具有流动性，当地壳剧烈变动时，它就可能侵入岩层，猛烈地喷出地面，这就是我们看到的火山喷发。

火山口一旦被打开，那气势可就一发不可收拾了。岩浆沿火山通道喷出时，也会沿火山周围的裂隙涌出。火山喷出物常堆积成锥形的山丘，形成火山锥。

地下的岩浆灸热而且黏稠，它沿着火山颈上升，从火山口喷出。有些岩浆汇聚于地下巨大的岩浆囊中。

火山云

火山喷发时，会在火山口上方形成巨大的火山喷发云。

火山口

火山锥

火山裂隙

火山颈

岩浆囊

地球内部灸热的岩浆

24

知识连连看

维苏威火山喷发掩埋庞贝城

庞贝城是意大利南方的一个城市，城外有一座火山——维苏威火山。公元79年8月24日，维苏威火山喷发，喷出来的物质把庞贝城完全掩埋在地下。经过1000年以后，这座城市被挖掘出来，展现在现代人面前，通过它我们可以更好地了解罗马文化。

制作一个喷发的火山

先把小瓶子洗干净，用烧杯量出这个瓶子能装多少水；再把瓶子埋在沙子中，做成火山的形状，不要让沙子从瓶口掉下去；然后往瓶子里倒入2/3杯温水，加两勺苏打，并充分搅拌。在烧杯里放入适量红色染料和一勺洗衣粉，同样倒入瓶中；最后用烧杯量100毫升的醋，倒入瓶子里，然后看着"火山"喷发。记得要及时向后躲开哦！（此实验具有危险性，须有家长陪同。）

⭐ 让你惊奇的事实：

遭遇火山喷发时，可不要以为驾车会逃离得快一些，因为火山灰可能使路面打滑。如果火山喷出的岩浆离你越来越近，就要弃车尽快爬到高处躲避。